鳥の目・虫の目・子どもの目

—ヒロちゃんの子育て自然観察ガイド—

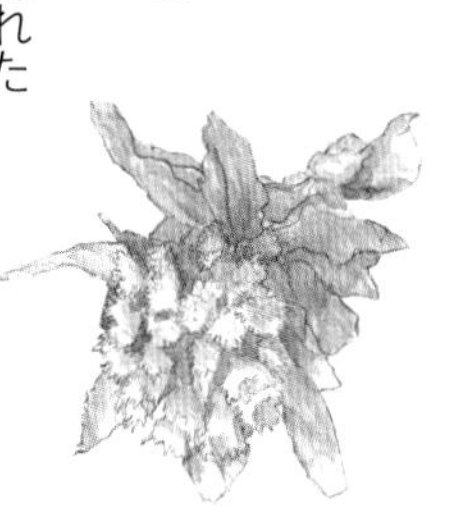

挿絵＝草彅　昇

はじめに

２０１８年3月、私は30年以上勤めた教員生活にピリオドを打ちました。様々な思いはありましたが、私はほとんど迷うことなく自然観察会やワークショップに専念していくことに決めました。

これまでにも休日にはボランティアで自然観察会を行っていましたが、決まった仕事に就かないとなると全く不安がないわけではありません。

ただ、これまでに行ってきた自然観察会での子どもの表情や声が忘れられないのです。観察会前は、ともすればしぶしぶ参加していた子どもでも観察会が終われば、生き生きとした表情、「また、参加したい。」という声に出会うことが多かったのです。きっとフィールドとした自然には、子どもたちを元気にしてくれるものがあるに違いない——そう感じていました。

子どもたちだけではありません。観察会に参加した大人だって、生き生きした表情になって帰ります。

きっとこれは、自然には私たちが本来持つ人間性を回復させてくれる力がある、そしてそれは子どもの発達に寄与するものに違いないと思いました

本書では、その元気にしてくれる自然とは何か、具体的な事例を写真や文章で紹介します。

また、子どもと一緒に野外に出たいけれど子どもとの接し方や自然とのつきあい方がわからないという方のヒントになることができるよう工夫しました。

自然の中には、子育てのヒントとなるものがたくさん隠されています。具体的な一つ一つの自然が私たちに様々な姿で「子の育ち」にとって大切なことを教えてくれます。まさに、「自然は先生」なのです。

本書では、本格的な「子育て論」とまではいかないものの、野山で育つ生き物たちや子どもたちの具体的な姿を紹介していくことで、「ヒトの育ち」にとって大切なことは何か、お伝えできたらと思います。

これまでの「子育て論」は、どちらかといえば、「べき論」や「親の姿勢」など言葉中心で論じられるものが多かったように思います。

本書は、それらとは全く違った視点での「子の育ち」を取り上げてみました。

内容は、「1 子育て原理をカンムリカイツブリから学ぶ」「2 モンゴルの村で出会った子どもたち」「3 森の子どもたち」「4 子どもと楽しみたい自然」と4つの柱を立てました。一見、何のつながりもなさそうに見えますが、「子の育ち」という視点は、貫いたつもりです。また、話の内容がよりイメージできるように、前半は関連する写真で構成しました。

本書が、日頃から、親として、あるいは祖父母として、教育者・保育者としてさらには自然観察ガイドなどで子どもと関わるすべての方にお役に立てるよう願っております。

1 子育て原理をカンムリカイツブリから学ぶ

まるで声をかけているかのように卵を軽く突いている

背中に乗るヒナに水を羽毛に付けて与えている

突きはなそうとしている親とそれを嫌がる子ども

親離れしたばかりの子ども

2 モンゴルの村で出会った子どもたち

村の子どもと一緒に植樹作業

植樹を終え、村の子どもたちと

植樹後の村の子どもたち　どこまでもたくましい

群れて遊ぶ子どもたち　近くには赤ん坊を抱いて見守る親がいた

小学校の教室で３・２・１の合図で種子模型を飛ばす

ワークショップを受ける子どもたちの視線

3 森の子どもたち

ミズナラの倒木にて　自然観察会での子どもたち

真人山での堅雪渡り

モミジの葉を付けながら歩く1歳児

「森のようちえん」っ子の影送り遊び　何もなさそうだが何かある

公園で出会ったすてきな親子　落ち葉を使って首飾り

硫化水素ガスの中でも生き続けるヤマタヌキラン

川原毛地獄の植生

草笛に挑戦する2歳児

4 子どもと楽しみたい自然

モミの木で出会ったニホンリス

真人山山頂神社で出会ったエナガ

秋田の野山では 1 年中見られるニホンカモシカ

絶滅危惧種ミゾゴイも（ミミズを）食べて命をつないでいる

オオルリが芋虫をくわえてヒナに運ぼうとしている

巣立ちしたばかりのノスリ2羽

冬も間近で餌不足となれば公園の柿の実を食べにやってきたアカゲラ

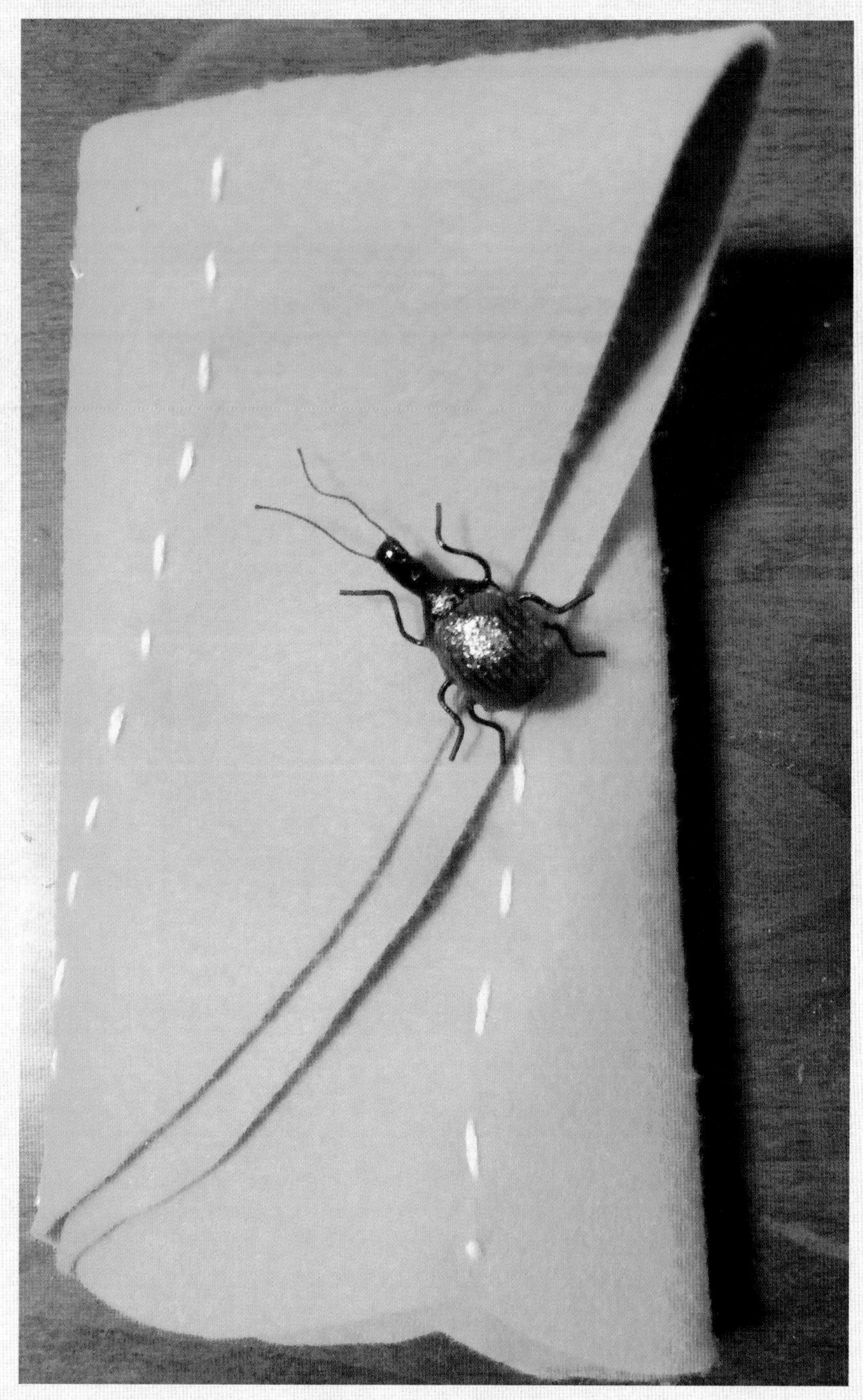

オトシブミの巻いた葉（揺籃）と成虫を再現

オトシブミの卵（矢印）

誰の足跡？

ノウサギでした

何か動物の顔に見えてしまう冬芽（オニグルミ）

冬芽（葉芽と花芽）が動物の顔にみえてくる（オオカメノキ）

ウスタビガの繭（の抜け殻）

ヤママユガの繭（の抜け殻）

クスサンの繭（の抜け殻）

俺たちまゆの抜け殻3兄弟
作詞 酒井若
作曲 遠藤恒夫
おれたちまゆの ぬけがら さんきょう だーい いちばんうえは
おれたちまゆの ぬけがら さんきょう だーい にーばんめーは
おれたちまゆの ぬけがら さんきょう だーい いちばんしたは
ウスタビガ あざやか みどりで アイドルよ おまけにがまぐち
ヤママユガ ふっくら かたちは いちばんさ おまけにさわりごこちは
クースー サーン クスリと よろこばれる あいきょうもの おまけにすけすけ
そっくりで しりには みずぬきあなまで あるんだぜ そんなウスタビガが
いちばんで いふくの ざいりょうにも なるんだと そんなヤママユガが
ルックで ひとにーもたれりゃ たからもの そんなクスサンが
ちょうなんさ
じーなんさ
さーなんさ
よのなかにゃ こんなさんきょうだいも いることごぞんじ か
ぬけがらでも ふぬけじゃない しぜんのおきもの よ
そんなおれたち まゆの ぬけがら さんきょう だーい

初夏の野山で見つけられる不思議な泡　何だろう？

泡をそっと寄せてみるとそこには小さな虫が
アワフキムシ（幼虫）でした

赤色の誘惑・ナナカマドは食べられず残っている

ホオノキ（実）が糸を垂らして種子が飛んで行く機会を待つ

1　子育て原理をカンムリカイツブリから学ぶ

カンムリカイツブリという野鳥がいる。以前は、冬鳥として限られた地域でしか繁殖は確認されなかったのだが、一昨年私の住む横手市内でも抱卵している姿があると教えられ、その場所に行ってみた。残念ながら、この年は繁殖を確認することができなかったが、昨年は、卵を産む前から観察し続けた。5月下旬からのことである。

6月9日には、ペアになった雌雄が、巣（浮巣）を作った。

それから1週間以内には、巣に6個の卵が産みおとされ、抱卵体制に入った。

カンムリカイツブリが抱卵している場所は、市内とはいえ、自宅から21キロのところにある。決して近くではない。それでもまるで、カンムリカイツブリが抱卵している場所に出勤するような気持ちで通い続けた。

幸い、同じ沼に2つがいのペアを確認できた。

また、隣の沼には、一足早く子育てに入っている親子も同時に見ることができた。

抱卵している姿を見ていると確かに雨の日も晴れて暑い日もじっと卵を抱いている。

親が子どもに魚を与えようとしているところ

感心するほどだ。

　さりとて、四六時中そうしているわけではない。時に巣を離れ、水の中に入っては魚を取ったり巣の上に立ち、卵を軽くつついたりしている。

　ただ、その時でも巣の近くには、パートナーが巣を見守っている。

　その連係プレーと呼べる姿にも感心してしまった。

　それでも隙あらばと卵を狙っているものはいる。

　一昨年、地域住民が語っていたが、襲ったかもしれないアオサギやカラス、それにしばしば近くにはサシバやミサゴといった猛禽類も飛んでいる。

　沼をアオダイショウが泳いでいる姿も見たことがある。

　沼は、決して、安心な場所とは言えないの

だ。

抱卵を始めてほぼ1か月。

7月12日から13日にかけてヒナが誕生した。

2羽である。残った4個は卵のまま。引き続き、抱卵している。

孵ったヒナ2羽はやはりかわいいものだ。生まれたばかりのヒナは、親の背中に乗っては、もう片方の親から水をもらったり小魚を与えられたりしている。生まれたばかりの時点では自分の体からむしり取った羽毛に水を吸いこませ、そのまま与えていた。

7月22日になって、異変があった。4個の卵と巣がなくなっているのだ。何があったのかはわからない。

残念といえば残念なのだが、2羽のヒナは無事に育っている。

10日ほど経ち、時折親の背中から下りることもしている。

それでもすぐに背中に乗ってしまうところがまたかわいらしい。

もう一つがいのヒナは1羽で一足先に生まれたせいか、この日には親が潜る姿を見てまるで親の真似をするかのように潜っていた。

ヒナと一緒にいる親は、メス親だろうか、もう片方の親はヒナの姿を気にしつつ、もっぱら狩りの様子である。

水辺に首を伸ばしてまるで長くした首を水面に浮かせるようにしてから、水に潜る。

昨年の主な記録は次の通りである。

・5月30日　2ペア確認
・6月9日　巣を確認
・6月14日　抱卵確認
・7月13日　子が誕生（12日から13日にかけて）
　　ヒナが親の背中に乗って、羽毛をもらったり小魚をもらったりする姿が見られる
・7月25日　子を狙おうとするダイサギを親がこれまで聞いたことのないような鳴き声で威嚇
・7月27日　子が親の背中に乗っていない
・7月28日　子の潜る姿が見られる
・7月31日　いつもそばにいた子が親と距離を1、2メートル置くようになった
・8月11日　親は子に小魚を与えるが子から離れようとするしぐさ
・9月10日　子の数メートル飛ぶ姿を確認
・9月26日　1ペアの子2羽の姿が見られない。

この後に、再び親と一緒にいる姿を確認できたが、10月上旬には、ヒナ特有の縞模様がほとんど見られなくなり、それと重なるかのようにヒナの姿はいつの間にか見えなくなった。残った親鳥は、まるで気力を失ったかのようにペアの間に距離を置き、沼に浮いていた。

私の子育て観察は、たった半年である。

しかし、この半年の間にペアが成立し、巣を作り抱卵。その後、ヒナが誕生し、親元から離れて

いったのである。この間、親はヒナを徹底して庇護し、えさを与え続けた。時に、上空からヒナを狙っていただろう大型の野鳥たちに対しても守ろうとしていた。それでいながら、ヒナが大きくなるにつれ、どんなにヒナが親の近くに来ようとも突きはなそうとする姿が見られた。

単純にヒトとの比較はできないが、ヒトがおよそ20年かけてする子育てをカンムリカイツブリはわずか半年で成し遂げたことになる。しかも子を突きはなす姿など観察していたら、ヒナがかわいそうにすら見えたが、それを親鳥は容赦なくするのだ。残念ながら、カンムリカイツブリは言葉を話せないし、親子の会話など知る由もない。厳しい自然界の中で生き抜くには、子をとことん守ろうとする親でなければならないだろうし、同時に子が生き抜いていくために突き放していくことも必要なのだろう。

わずか半年だが、カンムリカイツブリには大切な子育ての原理が詰まっているように思えた。子育てを半年で終えるようにカンムリカイツブリの一生は、私たち人間と比べて圧倒的に短い。はっきりとしたことはわかっていないが、一説には10数年だという。

それだけに、生きていくうえで大切なことが凝縮されていたと思えてしょうがない。

子がいなくなったこの沼で今も親鳥は生きている。

その姿は、疲れ切っているようでもあり、子育てをやり終えた姿でもあるだろう。

これもまた、生き物の宿命でもあるのだろうか。

2　モンゴルの村で出会った子どもたち

○　村の子どもと植林作業

昨年、モンゴルに行く機会を得た。目的は2つ。

1つはかつて森におおわれていた地に再び森がよみがえるように植林のお手伝いをすること。そしてもう1つは、滞在する村の小学校を訪問し、日本の子どもたちにしているワークショップを行うことである。

村は、首都ウランバートルから北に120キロ先のところに位置する。ウランバートルから汽車でおよそ4時間。降り立った駅の風景に驚いた。ちょうど日本でいえば昭和30年代後半から40年代の光景を思い出したからだ（その先の時代のことは生まれていないのでわからない）。メインストリートとおぼしき道は決して狭くはないが、どこも舗装されていない。その道を悠々と牛や馬が歩いている。ほとんどの家は平屋建てで、木製の塀に囲まれている。聞けば山から下りてくる獣から家畜や住民を守るためだという。まわりには放し飼いにされた大型犬もいる。一瞬ひるんだが、人間たちには興味なさそうだ。彼らもまた家畜を守るために放されているようだ。

村の子どもたちとの最初の出会いは、二晩お邪魔した牧師さんの自宅前であった。

植林作業に出かけるということが事前に知らされていたのか、出発前に子どもたち8名ほどが集まってきた。

年齢にして、小学校低学年から高学年ぐらいだろうか、皆活発な様子である。

我々日本人4人の他、牧師さんや今回通訳してくれた地球緑化クラブの現地の方など2台の車に分乗し、植林の場所に向かった。

牧師さんの自宅から車で10分ほど、村自体は標高900mを超えていたが、植林場所はそこからさらに高い場所にある。

早速、作業開始。

苗木は、子どもたちが持ってくれた。

彼らの話す言葉は、モンゴル語。

残念ながら、通訳がいないと言葉は通じない。

それでも彼らは、モンゴル語でおそらく、この場所がいいよと掘る場所を教えてくれる。

苗木を植える場所は、あらかじめ機械で大きな穴は掘られているが、ポイントを決めたら、スコップで深く掘る。

こちらがもたもたしていると彼らは、スコップを貸してくれといわんばかりに手を差し出す。

ようやく苗木を埋めたと思ったら、すぐに次はこちらだと案内する。

その素早さといったら、こちらが追いつきそうにないほどだ。

私の疲れがピークになりそうなところで、彼らの一人、高学年の男の子がスコップを取り上げた。

もはや私では、役に立ちそうもないと判断したのだろうか。

彼も小学生とは思えないほどの力で穴を掘る。

こうして、2時間の作業をあっという間に終え、この日は１００本のシベリアマツが植樹された。

用意された５００ccのミネラルウオーターは、子どもたちがあっという間に飲み干す。

空になったペットボトルは、彼らの遊び道具となった。

それを使ってチャンバラごっこだ。

このあたりは、日本の子どもと変わりない。

空のペットボトルをもっと必要だと考えた子どもは、さらにもう1本のミネラルウオーターを飲み干す。

実にたくましい姿だ。

植林作業を終え、その地から村を眺めた。

見たことのない美しい風景だ。

彼らは、大海を知らない。

海を見るには、外国に行かなければならないからだ。

しかし、この地に立つなら、海の大きさにも負けないほどの草原の広さを感じる。

言葉は通じなくとも彼らのたくましさと明るさに触れた一日となった。

○ モンゴルの村の小学校を訪れた

モンゴルの村では、村唯一の学校を訪れた。

校舎は、平屋建て、体育館は工事中で使えない、理科室や音楽室といった特別教室はない、だから授業の場所は、いわゆる普通教室だけということになる。

この校舎に、小学校1年生から高校3年生まで、560人の子どもたちが学んでいた。

しかも学校は、二部制である。

二部制とは、午前中に小学校6年生から高校3年生までが学び、午後からは、同じ教室で、小学校1年生から5年生までが学ぶのだ。

私たちが訪れたのは、午前中の植林作業を終えた午後からであった。

学校に入ってみると小学校の低学年の子どもたちだろうか不思議そうな顔で私たちを見ている。

めったに来客などないのかもしれない。

通りすがった子どもと言葉は通じなくてもハイタッチをする。

思わず、笑顔が出る。

私がワークショップを行う学級は小学校5年生27名だった。

本当は、5年生はもう一クラスあるのだが、こちらのクラスだけということになる。

教室に入った途端、きちんと座っている27名の視線が突き刺すようにまぶしい。

モンゴルの村の学校　ここで560人の児童生徒（二部制）が学ぶ

前日の夜、通訳を務めてくれた現地の方とは、じっくり打ち合わせを行っているので、進行も順調だ。

簡単な自己紹介を済ませ、すぐにワークショップに入る。

30分という限られた時間なので、無駄な話はできない。

植物が子孫を残すための方法の一つとして、種子が風に乗って空を飛ぶことを実際のアルソミトラやラワンで提示した。

それから、これは模型にして作ることができるよ！と日本から人数分持ってきたアルソミトラとラワンの模型を飛ばして見せた。

このあたりから、子どもたちの驚きの声が聞こえた。

すぐに、全員分あるので、作ってみようと話す。

同行したメンバーと共に、子どもたち全員

にアルソミトラを渡した。

「3・2・1」の掛け声で、飛ばしてみる。

子どもたちの驚きの声は、歓声に変わる。

子どもたちの顔を終始じっと見ていたわけではないが、明らかにきらきらした目の輝きだ。

折り紙とクリップを使っただけのラワン模型でもそうだ。

子どもたちの歓声は決して派手ではないが、今も私の脳裏に焼き付いている。

続いて、森ができてきたらどうなるか、日本の森に棲んでいる動物たちの写真を見せた。

ノウサギやリス（ニホンリス）などわずか数枚の写真だが、一枚一枚見せるごとに子どもたちは喜んでくれた。

自然に席から身を乗り出し、写真のところに近づいてきた。

私自身もぞくぞくとした興奮がわいてきた。

この喜びは久々に感じるものだ。

あっという間に予定の30分が終わり、地球緑化クラブの方が日本から持ってきてくれた鉛筆と消しゴム、それに前日、同行した大学生が折ってくれた折り鶴の入った袋を一人一人に渡した。

「ありがとう」と日本語で話してくれた子どももいた。

この後、子どもたちと記念写真。

左わきにいた小さな女の子が、私の左手にからみついてきた。

かわいさに国籍の違いはない。

興奮冷めないまま、仲間と共に学校を後にした。

◯ モンゴルの村の校長先生の願い

植樹やお世話になった牧師さん宅での生活はもちろんだが、村唯一の学校を訪れた半日は衝撃的ともいえる時間であった。

それは、校内の環境が必ずしも恵まれているとはいえない状況の中で、子どもたちが見せたいきいきした表情であり姿であった。

私が教室内で指示した言葉や提示した写真や資料に食いつく姿に私はひどく興奮していた。

興奮というのは、わき上がるほどの喜びのことである。

これは、しばらく忘れていたものであった。

それほど子どもたちの食いつきや集中力に心を動かされたのである。

私のワークショップが終わり、一人一人の子どもたちに日本から「地球緑化クラブ」の代表理事が持ってきた文房具の袋を渡すときの子どもたちの表情も忘れられない。

その中には、鉛筆3本と消しゴムそれに前日、同行した大学生が折ってくれた折り鶴が入っていただけなのである。それをこんなに喜んでくれるとは。

子どもたちと記念写真を撮り終え、お別れした後、私たちは校長室に案内された。

校長室には、小学生から高校生までの５６０人が学ぶ、この学校の校長先生がいた。

どことなく宮崎美子似の知的な雰囲気がある女性である。

私は、すぐさま校長先生に質問をぶつけた。

「校長先生は、どんな子どもたちに育ってほしいという願いを持っておられますか。」

ストレートすぎるとも思ったが、せっかくの機会だ。

すると校長先生は迷わずすぐに答えてくれた。

「3つあります。1つ目は祖国モンゴルのためにがんばれること、2つ目はモンゴルの自然を大切にできること、3つ目は周りの人々にやさしくできること。」

なんと明確な願いだろうか。

校長先生は、目の前の子どもたちの現状を見ての願いを持っているんだなと強く感じた。

校長先生と握手をし、校舎を後にした。

牧師さん宅に戻り、この日過ごした思い出の時間に浸っていると外から子どもたちの声が聞こえてきた。

牧師さん宅には、小学生の男の子と女の子のお子さんがいる（他にも成人した2人もいるが）。

その子たちと遊んでいる村の子どもたち7、8名が集まっていた。

まわりは、日が傾きつつあるが、夢中になってサッカーや追いかけごっこ遊びに興じている。近くには、見守る大人もいる。

校長先生の願いに重ね合わせながらしばし、子どもたちの夢中になって遊ぶ姿に見とれていた。

3 森の子どもたち

○ 子どもの目線から教えられたこと

ある日の森林体験教室のことだ。

大人20名近くの他、赤ちゃんを含む7人の子どもが参加してくれた。

皆、元気な子どもたちであった。

ほとんどの子どもは、私のそばを歩きながら次々と生き物を発見してくれた。

マムシグサ（コウライテンナンショウ）の説明をしようとしたら、ある子どもが叫んだ。

「あ、マムシがいる！」

まさか、マムシグサのことをとらえて、マムシとでも叫んだのだろうかとも思ったが、実際、近くには土中に潜ろうとするマムシがいたのだ。

これには、驚いた。

マムシグサの説明がしやすくなったことは言うまでもない。

また、他のところを歩いていたら、ある子が私のところに寄ってきて話してくれた。

「あのぱふぱふというホコリの出るキノコがあったよ。」

「では、そのキノコを持ってきてくれるかな?」

その子は、走ってすぐに持ってきてくれた。

これもまた驚いた。

見落としてしまいそうだったホコリタケの胞子が飛び出す様子を子どもたちや参加者と共に観察できた。

また、歩いていくうちに別の子が叫んだ。

「カマキリの卵がある!」

よく見れば、オオカマキリの卵しょうだ。

子どもの目線から見られる低い位置にあった。

生き物好きな子どもたちが集まったとはいえ、アケビは見たこともなければ食べたこともなかった。

大人の参加者が見つけてくれたアケビ(ミツバアケビ)を子どもたちに食べてもらった。

「うまい」

「苦みがある」

など様々な反応を示した。

参加者の若いお母さんも「食べるのは生まれて初めて」といいながら食してくれた。

食した子どもの近くにいたお父さんは子どもに向かって話していた。

「お父さんが子どもの頃は休み時間といえば、裏山でアケビをとっては食べていたよ。」

子どもの目線というのは、大人と違って低い位置にある
大人が1・5~1・8メートルならば、子どもは0・7~1・3メートルぐらいだろうか。
子どもが様々な発見ができたのは、その低い目線の位置にもよるだろう。それだけに、子どもの目線から教えられることは多い。
しかし、それ以上に子どもの何物にもとらわれないまっすぐな目やそれを支える感性が大人も驚くほどの発見につながっているに違いない。

体験会が終わって子どもたちが帰っていった。

帰り際、一人の子どもがにこっとした表情で話してくれた。

「また来るよ。」ーこの言葉が何よりも私のエネルギーとなる。

○ ちびっ子、雨の森で躍動す―野外保育サークルで見た光景―

晩秋の11月、秋田市にある野外保育&自然あそび親子サークル「Akita コドモの森」を訪れた。

「森のようちえん」っ子たちとは、昨年3回ほど関わっているが、このサークルは初めての訪問である。

驚いたことに、子どもたちは皆1歳から4歳までの未就学児。親子9組と保育士2名が秋田市の大森山動物園の近く「老人と子どもの家」に集まった。

1歳6ヶ月という子どもは、歩き始めてからまもないという。

さらに驚くべきことは、この子も含めて森の中を歩く姿だ。

この日は、時折雨が激しく降った。

おまけに風もある。

その中での森歩きだ。

母親がそばについているとはいえ、まだ生まれてそれほど時間のたっていない子どもたちばかりだ。

3歳から4歳であろう子どもたちは母親と時折手をつなぎながら前にゆっくりだが一歩一歩進んでいく。

私も何かしら気づかせたくてホオノキの葉を拾い、その場でお面を作って見せたりカシワのドングリを拾ったりする。

ヤマユリの実を見つけたので中から少し飛び出している種も見せながらふーっと息を吹きかけてみた。

種がぬれていたため、十分飛ばすことはできなかったが、それでも子どもたちは注目してくれる。

歩いて行くうちに円形の水飲み場があった。

子どもは水遊びが大好きだ。

蛇口をひねってみたり下にたまっていた水の中をザブザブ歩いてみたりする。

砂場の近くに拾い上げられていた石を見ては触っている子もいる。

栗の実を拾い上げた子どもは、イガから栗を取り出そうとしている。

隣の母親もすぐには手を貸さず子どもの姿を見守っている。

母親もなれた姿だ。

中には棒状の鼻水を垂らし始めた子どももいる。

久しぶりに見た光景だ。それでも子どもの方は気にせずに歩く。

保育士さんも子どもの発見や気づきを大切にしている。

子どもと一緒になって喜んでいる大人の姿は美しい。

子どもは言葉が足りなくても主張するときは仕草で主張する。

私が、ホオノキの葉を使ったお面を見せて、やってみようかとその子に差し出したら手ではじかれた。

怖かったのか、ただ気に入らなかったのか、その子はお面を受け入れなかった。

確かに小さい子なりの意思表明をしてくれたのだ。

帰り際、1歳の子どもの頭にヤマモミジの葉が1枚乗っている。

思わず「お母さんが付けてくれたのですか?」と聞いたら、自然に落ちてきてそれが頭に付いたということだった。

まるで、頭の飾りのようでいっそう子どものかわいらしさが増した。

施設内に入ろうとしたら、1歳の子が泣き出した。気になって一緒にいたお母さんに聞いたら、もっと外にいたいと主張したようである。

本当にびっくりした。

天気が悪くても自然はこれほどまで子どもたちを喜ばせてくれる存在だったのである。

そしてまた、自然には、小さな子どもでも自分の意思を主張したくなるほど、強く心に働きかける何かがあるのだろうか。

お昼になって帰らなければならない時間となった。

9人の子どもたちがそれぞれ私に「さようなら」の手を振ってくれる。

さっき見たもみじの手のようだ。

この子らの瞳はどこまでも透き通りきらきら輝いていた。

この子らの表情を見ながら、きっとまた来るよー心からそう願って施設を後にした。

○　秋田初の「森のようちえん」を訪れた

「森のようちえん」という言葉を知ったのは、盛岡でドキュメンタリー映画を見てからだ。

それまでは、できるだけ小さな子ども時代のうち、集団でかつ自然の中で遊べるサークルか施設があればいいなと思っていた。

小さな子ども時代から自然の中で遊ばせることはどれだけ子の育ちにとって大切なことか強く感じていたからである。

秋田に、自然の中で遊ぶことをメインとした親子サークルができたことを知ったのは、数年前のことである。

それが、昨年、秋田で初の「森のようちえん」こと「地方裁量型認定こども園　あきたこどもの森」に発展していた。

でも実際の子どもの様子はどんなものだろうか。

ドキュメンタリー映画で知るには知っていたが、それはあくまで映画の中の話である。

私は普段から、「子どもを真にたくましく優しく賢く育てるには、自然の中で仲間と共に遊ばせることだ」と主張してきた。

それを様々な場面で確かめたいと考えていた。

ついに、その機会が訪れた。

子どもたちは、年少（3歳児）から年長（5歳児）までの13人である。

スタッフは、保育士2名、支援員1名の3名。

野外での保育は、3人という人数では大変ではないかと思ったが、野外に出たとたん、その心配は吹っ飛んだ。

その日は真夏日に近い、快晴の日であった。

朝の会は、ヤマボウシの木の下で行われた。

ある子どもは言った。

「涼しい！」

あ、この感覚だ、子どもたちに必要なのは。

朝の会は、健康観察や歌で始まる。

これは、施設内と変わらないだろう。

野外といえば、まわりの景色や虫たちなどに気をひかれないだろうか。

その心配もなかった。

だから、保育士さんも声を張り上げることもない。

自然な姿で朝の会は終了した。

そのあと子どもたちはスタッフと共に歩きだした。

何人かの子どもは、近くのわらびを取ってきた。

また、ある子どもは草笛に挑戦していた。

これも自然な姿だ。

保育士さんは言う。

「決して、私たち（保育士）が誘導しない、子どもたちの動きを見ながら私たちはサポートするだけだ。」と。

だから子どもたちを囲おうとしたり、声を大きくしたりする必要もない。

もちろん、野外では危険なものもある。

それはきちんとかつさらりと教える。

少し、歩くといつのまにか、よそ者の私も仲間だととらえてくれたのか、私に「ダンゴムシだよ」とか「カエルを見つけたよ」と手に乗せて見せてくれた。

その姿も実に新鮮だ。

本当はそれが、子どもの当たり前の姿なのだろうが。

いつの間にか新鮮に感じるようになってしまっている自分に驚いてしまった。

13人もいれば、途中子ども同士のトラブルやけんかも起きてしまわないか、その心配も吹っ飛んだ。

元気だが、子どもたちは優しいのだ、というより優しくなっていたのだろう。

まわりの自然がまるで子どもたちを包んでいるような気がしてならなかった。

表情も良かった。

子どもらしい表情といえばそれまでだが、目がきらきらしているのだ。

この子らは、これからどのように育っていくのだろうか、それを想像しただけでもわくわく感が増してきた。

ただ、ふと考えた。

決してこの子らがまわりから浮いたり引かれたりするような特別な存在であってはならない。

ごく当たり前の存在でなければならないのだと。

それには、親御さんはじめ、まわりの大人たちの理解が進まなければならないのだ。

幸い、秋田には自然がたくさんある。

それを保育や教育の場だとしてとらえていけるのか、宝の山だととらえていけるのか―それが今後、「森のようちえん」の発展につながるのだろう。

秋田は商業施設の数を都会と競おうと思わなくても良い。

むしろ、これだけの自然という宝がふんだんにあるととらえられたら、その時には、子どもの心だけでなく私たち大人の心も豊かになっているのではないだろうか。

同時に本当に良い教育ができたかどうかは、数年単位で結果が現れるものではない、まして数値で簡単に測れるものではないと考えている。

この子らの育ちだけではなくこの子らが親世代になったとき、その真価が発揮されるのではないかとも思う。

まだまだ長い道のりだろう。

しかし、確実な一歩が踏み出された。

○　公園で出会ったすてきな親子

自然観察仲間と海鳥観察を終えてからのこと。

エヘン、僕が一番！川遊びを終えた「森のようちえん」っ子

にかほ市の公園に立ち寄った。

すると公園の一角で、親子４人がひたすら落ち葉を探っている。

両親、それに小学校低学年ぐらいの男の子に未就学の女の子のようだ。

自然観察仲間は、10数名いたが、こちらを気にするわけでもない。

何か捜し物でもしているのだろうかと気になった。

声をかけてみた。

「何かあるんですか。」

父親が答えてくれた。

「ただ、落ち葉を集めているだけです。」

よく見ると葉っぱは、ソメイヨシノ。

思わず、聞いてみた。

「（落ち葉を）集めてどうするのですか？」

父親は、恥ずかしそうにしかし、笑みを浮かべながら答えてくれた。

「ただ、子どもの首飾りにするのです。」

母親は、集めた葉っぱをツタの蔓に通している。

落ち葉を何枚も重ねている。

私がしつこいぐらいに質問するものだから、さりげなく男の子が自分の首にかけてくれた。

あまりに感激して、「すばらしい！すごい！」と声を上げてしまった。

「写真を撮っても良いですか。」と尋ねた。

父は、「はい、どうぞ。こんなもので良かったら。」

と謙遜して答えた。

写真を撮ってみてわかった。

男の子の表情が実に良いのだ。

季節は初冬。公園の遊具も冬囲いされている。

いわば遊び道具はない状態だ。

それでも親子が楽しんでいるのだ。

何もなくても何かあるーそこから子どもの笑顔が生まれていたのだ。

○ **17年目のホタル観察会**

私がお世話になっている増田地区交流センターでは、毎年、親子を対象にホタル観察会を続けている。この観察会も昨年で17年目を迎えた。この年もまた、参加した23名の親子、8名のスタッフと共に感動を共有することができた。

振り返れば、17年前、この企画を増田地区交流センター（旧増田地域センター）の仲間と共に立ち上げたときは、不安だらけであった。

果たして、企画に集まってくれるものかどうか喜んでくれるかどうかましてや肝心のホタルが見られるかどうか……

企画内容も試行錯誤だった。

ホタル観察会だけでなく昼の自然観察会もセットにしたり、バーベキューセットの夕食付きにしたりしたこともある。

公民館と共催で宿泊型の企画にしたこともある（今、思えばよくやれたものだと思う）。

それでも始めたころは、物珍しさもあってか、参加者は50人ほど、マイクロバスを2台仕立てて実行した。

安全にも気を配りスタッフ仲間と共に下見を確実に行い、地域の方からも除草や安全柵の設置など協力いただきながら進めることができた。

17年の間に1度だけ、企画を中止したことがあった。

台風が直撃したためである。

スタッフ事務局と共に夕方直前まで協議したが、増水した川の近くでは安全を見守る自信がなかったし、何より強い雨ではホタルどころではなかったからだ。

10年前には、下見を兼ねて、町内数か所のホタル生息数の調査も行った。

わずか10名足らずのスタッフでは心もとなく地域住民へのお手紙を書き、協力を依頼した。

それにこたえるかのように、地域住民の中には、わざわざ連絡をくれ、一緒に案内してくれる方、また情報を寄せてくれる方もいた。

まさに、地区交流センター主催ならではの趣旨に合致する調査活動であった。

それは、2年後、地域のホタルマップに結実し、全戸の地域住民に配布することができた。

もちろん、素人メンバーが故、精度という点からでは、弱さがあるだろう。

それでも地域住民と一緒に活動できたという思いがあった。

昨年のホタル観察会でもその思いを強く実感した。

参加者を乗せたバスが止まっている間、「何だろう?」と不思議に思った近くの住民の方が、ホタル観察に来たことを知り、わざわざ声をかけてくれたのである。

「うちの田んぼにもいっぱいゲンジボタルがいるから、来てくれ。」と。

もちろん、参加者全員で移動した。

この日は風が強く、それが故にホタルは飛ぶことをやめ、草地に止まっている姿が多く見られた。

それでもゲンジボタル特有の光に魅了された。

この日は、ホタルだけでなく魅了してくれるものがもう一つあった。

それは、星空である。

周りの山が高く、まもなく西空に沈もうとしている月明かりの影響もない。

それだけに、星は一層輝きを増した。

南にアンタレスを中心としたさそり座の姿、すぐ東側には木星、東の空には夏の大三角、七夕前夜にふさわしい彦星と織姫星が天の川を挟んでくっきりと見えていた。

北の空にも北斗七星がはっきりわかった。

参加者の中には、こんなにたくさんの星が良く見えるなんて！と新たな感激をしてくれる方もいた。

17年目のホタル観察会を終えて、一区切りというわけではないが、ひそかに思うこともあった。それは、観察会を始めたばかりの参加者である子どもはもう大人になっている、その時の参加者の中には親となり自分の子どもを連れて来てくれる方がいるのではないかということだ。

こんなことも夢見ながら、スタッフに感謝しつつ、18年目も実施することができたらという思いを新たにした。

○　中学生と地域の自然について語り合う

昨年の秋、1週間ばかりの間に、横手市内の2校の中学生と地域の自然について語り合う機会に恵まれた。

いずれも「総合的な学習の時間」の一環であり、限られた時間ではあったが、私にとっては大きな喜びであった。

中学生相手に地域の自然の魅力について語る

最初の中学校の生徒とは、マイフィールドである真人山を会場にして、「自然保護の取り組みについて」や「絶滅危惧種」などをテーマに彼らの質問に答える形ではあったが、あえて彼らと共にまずフィールドを歩くことから始めた。

足元で生きているカタバミやツユクサを観察しながら、生き抜くためにシュウ酸という化学的物質を持っていたり見かけだけの雄しべを持っていたりする姿を実際見てもらった。また、ツクバネの種子を拾って、実際飛ばしてみたりした。

それも植物が子孫を残すための戦略ともいう姿であることも話した。

そして、それぞれの具体的な姿がそれぞれの理由をもってその姿をしていることを伝えた。

ともすれば、私たち大人は、簡単に「自然

保護」と言ってしまう。

しかし、それは具体的な自然の姿を知らぬまま、机上だけの「自然保護」を叫ぶことにも陥りやすい。

中学生ともなれば抽象的な思考はできるし、自分の考えを論理的にまとめることができる。

だからこそ、なおさら具体的な自然の姿に触れてほしいと考えている。


もう一つの中学校の生徒からは、地域に生息するホタルの生態についての質問が中心であった。

ホタルは、時期的にも時間的にもリアルな姿を見てもらうのは難しい。

そこで、増田地区交流センター（旧増田地域交流センター）で作成した「横手市増田地域ホタルマップ」を渡し、それをもとに話した。

マップは、10年前に作成し、更新すべき時期に来ていると思うが、それでもその当時は地域住民を巻き込み、データをマップに落とし込んだものである。

だからこそ、その価値は変わらず、学びに来た中学生にもそれを絡めた話ができた。

マップからは、ゲンジボタルやヘイケボタルが地域のどこに生息しているか、その頭数（ざっくりではあるが）が、一目でわかる。

中学生だからこそ、それを理解することができると考えたし、またその理解をもとにゲンジボタルが生息できるためには、どんな地域であることが望ましいかを考えてほしいと願った。

十分理解できたのではないかと思う。

ただ、思考力が深くなってきた中学生とはいえ、まだまだ自然に触れる機会は少ないと思う。願わくば、机上だけで「自然保護」や「地域の自然」を語る大人にはなってほしくはないと思う（まして「熊騒動」も！）。

以前、近くの川に白鳥が渡ってきて、小さな子どもから大人まで白鳥たちに餌を与えていた。ここで、餌付けや鳥インフルエンザの問題をうんぬんするつもりはないが、少なくともその時には「白鳥」という具体的な野生の姿を間近に見ることができた。今は、白鳥の姿は、遠くから垣間見ることがほとんどである。皮肉なことに、鳥インフルエンザの問題が白鳥の姿を遠ざけてしまったようだ。だからといって、餌付けを復活せよという問題ではないことはもちろんのことである。もっと子どものうちから、リアルな自然の姿に触れる必要があると感じるのである。

2つの中学校の生徒からは様々なことを教えられた。彼らもまた数年たてば大人の仲間入りをする。彼らが大人になったとき、地域の自然を見つめ続けられる大人であってほしい―それが私からのメッセージでもあった。

○　どっこいヤマタヌキランは生きている

ゆざわジオパーク・ジオサイトの一つである川原毛地獄を訪れた。

「地獄」とは物騒な名前だが、その名をイメージさせるほどのインパクトがある。

山一面には、草木の姿が見えず、あちこちで噴煙が上がっている。

噴煙は、硫化水素などの火山活動に伴うガスであり有毒である。

だから、生き物の姿は見えないはずだ。

ところがである。

草木一本も生えないように見えても丹念に見渡すと緑の部分がある。


今は、閉校になった旧須川中学校の生徒たちと共に植生調査を行ったのは、ちょうど10年前のことだ。

川原毛地獄は、同中学校の学区内にあり、いわばここはふるさととの大自然ということになる。

「学区内には何もない。」という彼らに、十分説得できるほどの大自然があると感じた。

説得するためには、まずはその地を知らなければならない。

そのためには、体を動かして調べることになる。

あまり噴煙の近くでも危険を伴うので、まずは適当な場所で1メートル四方のスズランテープを広げた。

1メートル四方の中には、確かに緑の植物があった。

漠然と見ていたのでは見過ごすことでも、限られた視野に目を向けることで見えてくることがあるものだ。

さらに、緑色植物の背の高さ（草丈）も関係がありそうだ。

他の1メートル四方の中と比べてみると数の違いもわかってきた。

どうやら、この緑色植物は、ヤマタヌキラン（カヤツリグサ科）であることもわかった。

ヤマタヌキランとは、「山狸蘭」とも書き、花穂を狸のしっぽに見立てて名づけられたものである。

秋田県では、絶滅危惧種に指定されており、川原毛地獄のような硫気孔原の代表的な植物種となっている。

いわば、有毒な火山性ガスに対して耐性があると考えられる。


そのヤマタヌキランの数だが、調べていくうちに噴気孔との距離の関係があることがわかった。

噴気孔から100メートル以内であれば、噴気孔からの距離が大きくなればなるほどヤマタヌキランの生息数は増えてくるし、100メートルを超えれば超えるほどそれとは関係なく他種の植物が出現してくるのだ。

ただ、他種といっても普通の野山に生息する植物ではなくススキ（イネ科）、オオイタドリ（タデ科）、ウラジロヨウラク（ツツジ科）といった種に限られてくる。

草丈は、一般的に噴気孔からの距離が大きくなればなるほど高くなることもわかった。

もっともこれは、ガスの影響だけではなく土壌酸性度による影響も大きい。

多少、酸性度が高くてもヤマタヌキランは生きていけるのだ。

これは、同じ条件下に置いた室内実験においても確かめることができた。

ただし、他の植物が生きられる環境下においては、ヤマタヌキランはその競争に負けてしまうだろう。

火山性ガスの噴き出している他の植物が生きられないところにこそヤマタヌキランの生息場所があるのだ。

しかもおまけがある。

ヤマタヌキランは、単独ではほとんどその姿を見ることはない。

小群落を作って、いわば寄り添いながら細々と生きているのだ（パッチ状に生息）。

ヤマタヌキランそのものは、目立たない植物だ。

やはり草木一本生えない場所と見過ごされてしまうことが多いだろう。

それでも確かに生きている。

どんなに厳しい環境下におかれていても否厳しい環境だからこそ……

今は閉校になってしまった当時の中学校生徒と共に地域の自然を見つめた2年間であった。
※この研究〈ジオサイト候補地「川原毛地獄」の植生について〉は、平成23年度　斎藤憲三・山崎貞一顕彰会奨励賞の最高賞である金賞を受賞した。

4　子どもと楽しみたい自然

○　オトシブミという生き方

「一寸の虫にも五分の魂」という言葉がある。

オトシブミは、一寸どころか1センチにも満たない小さな虫である。

それほど小さな虫でも、その生き様にびっくりしてしまうことが多い。

初夏の頃、野山を歩けば、小さな巻物状の葉が落ちていることがある。

巻き方が芸術的で、誰の仕業だろうと思えてしまうほどだ。

そこで、いくつか落ちている中から一つだけ取らせてもらい、ゆっくりとその巻物をほどいていく。

すると直径1、2ミリほどのまるで小さな宝石かと思われるほどの球状のものに出会える。オトシブミの卵である。

オトシブミとは、その名の昆虫もいるが（別名ナミオトシブミ）、一般的にはオトシブミ科の総

オトシブミ

称である。

全長わずか数ミリ程度の昆虫であり、巻かれた葉は見ることがあっても成虫に出会うことは案外難しい。

ただ、ゆりかご状の葉（揺籃と呼ぶ）は見つけやすいので、子どもと一緒なら一つだけ巻かれた葉を取り、ゆっくりほどいてもらいたい。

私は、このオトシブミの生き方をいくらかでも再現するために40センチ大のフェルト布と2、3センチの模型オトシブミを準備してみた。

ところで、このオトシブミはどのようにして葉を巻くのだろうか。

簡単に言えば、すでに交尾を終えた雌が卵を産み付けるために巻くのだが、そのスケールが大きい。

オトシブミを人間でたとえるなら、畳20畳ほどの葉を巻いていくという。

しかも何時間もかけているわけではない。

ハチやハエなどの天敵に襲われないためにも素早く巻いていく。

オトシブミの種類にもよるが、わずか30分から１２０分程度で完成させるようだ。

しばしば巻いている雌の近くには、雌を守るため雄もいるようだが、とにかく作業は雌だけで行う。

もし、幸運にもこの場面に出会えることがあったなら、そのぐらいの時間は確保した方が良さそうだ。

完成された揺籃もそうなのだが、作成過程も驚くほど緻密だからだ。

オトシブミの名のいわれは、江戸時代に他人にばれないように手紙を道端に落とし、想う人に渡したという「落とし文」から来ている。

揺籃は落とされず、樹木にぶら下がっている場合もある。

種によって違いがあるのだ。

揺籃は、天敵からその姿がわからないように卵から孵った幼虫を守っている。

幼虫は、巻かれた葉を食べて成長する。

実に合理的な生き方をしているのだ。

初夏の野山には、思わぬ宝物が隠されている。

○ 冬の野山は楽しいぞ

一昔前までは、冬の季節を迎えると憂鬱な気分になっていた。

いくら山好きであっても冬には、山など行けるわけがないだろうと。

それがどうだ、今は冬だからこその楽しみがたくさんあるものだと思っている。

もっとも標高が高く危険と隣り合わせで重装備しなければならない山のことではない。

身近な里山のことである。

私にとっては、自宅から2キロメートルの距離に位置する真人山がそうだ。

普段の冬であれば、2メートル近い雪に覆われる里山だが、スノーシューや防寒靴など最低限度の準備があれば歩くことができる。

なだれの危険性もなく山頂近い神社でも眼下に町並みを望むことができる。

ここまでの往復の山歩きが楽しいのだ。

まずは、冬芽。ヤマウルシ、ハリギリ、ホオノキなどの広葉樹の花芽や葉痕などが楽しい。

葉痕は動物の顔に見えてくるから、小さな子連れでも大丈夫だ。

動物の足跡探しも楽しい。ノウサギはとてもわかりやすく、進行方向や歩き方をまねできる。糞まで残してくれたらこれまたうれしくなる。

まれに、実際のノウサギに会えることもある。その真っ白な姿は雪の中では目立ちにくいが、颯爽とした走り姿にはほれぼれしてしまう。

数年前のことだ。雪の真人山を山頂に向かって直登しているときのこと。木々のまわりが開いた、いわゆる根開きの中から突然、ノウサギが飛び出してきた。巣を作らないノウサギだけあって、冬の間はこうした根開きを利用しているのかとひどく感心したが、それ以上にいきなり飛び出してきたのには驚いた。

ノウサギだけではない。たまに、ニホンリスに出会えることもある。こうなれば、誰だって冬の野山歩きに魅了されてしまう。野鳥もそうだ。春から秋までは木々も葉に覆われており、鳴き声を聴いてもその姿を見つけることは困難だ。それが冬になれば、野鳥の姿がひょっこり見られるようになる。

2年前のことだ。

山頂神社から鳥海山の写真を撮ろうと少し山を下ったところ、雪に下半身がすっぽり埋まってしまった。さあ、何とかここから出なければならない、困った、どうしようと思っているうち、エナガが目の前の雪上に下りた。その距離、およそ2M。かつてこんなに近づけたことはない。幸か不幸か私が雪の中から上半身だけ出して身動き取れないものだから安心して近づいてきたのかもしれない。

エナガをまともに写真に収めることができたのは、このときだけである。

一度だけだが、ニホンカモシカの鳴き声を聴いたことがある。

これもまた、冬の真人山を一人で歩いていたときのことだ。登山道を折れたところで、いきなりカモシカの姿が飛び込んできた。カモシカもよほどびっくりしたに違いない。

いきなり「ギャー」という、私が今まで聞いたことのない鳴き声を出したのだ。すぐさま雪の上を素早く走り去り、一定の距離が取れたところでこちらを振り返った。

無雪期は、真人山は多くの方が歩き、けものたちも現れにくい。それに対して、冬は、人の姿もめったになくけものたちも出てきやすいのだろう。

そうこうしているうちに、2月も終わりに近づけば、まんさくの花（マルバマンサク）の花芽がほころんでくる。早い年には、ちらほら花の姿が見える。こうなれば春の気分がいっぱいだ。その頃には、雪があっても締まってくる。ストックを使いながら、その上を歩いて行くことができるようになる。いわば、「堅雪渡り」である。子どもがいたら、ぜひ一緒に体験したいものだ。

○ 見える世界・聴こえる世界が違う

昨年、奥森吉で行われた、コウモリの調査に同行した。

その分野には、全く明るくないが、調査は私にとって終始エキサイティングなものとなった。ニホンウサギコウモリやヒメホオヒゲコウモリに実際、触れ、その生態を知ることができたことがなんといっても大きかった。

同時に、改めて驚いたことがあった。それは、彼らの聴こえる世界である。

コウモリは、超音波を発し、跳ね返ってきたそれで獲物をとらえるとか仲間を知るなどといった話は有名であるが、それは機械を使って確かめることができた。

私たち人間にとって、聴こえる世界は、20～２００００ヘルツである。

一方、コウモリのそれは、1000~120000ヘルツと言われている。

つまり、私たち人間とコウモリの生きる音世界は、それほど重なり合うことがないのだ。

だから、どんなにコウモリが鳴き声を発していても私たち人間に聴こえることはほとんどない。

たまに、「キイー。」と聴こえることがあったとしてもそれは叫び声であったりする。

広い音域の世界から見れば、私たちは一部の世界しか聴こえていないことになる。


余談だが、猫は、60~100000ヘルツの音が聴こえるという。

彼らには、コウモリの発する音も聴こえているわけだ。

たまに、コウモリをとらえてくる姿を見かけたとしたら、それは彼らの持つ能力が故であろう。


一方、私たち人間の見られる世界はどうか。

見える世界のとらえ方は、多様であり一概に言えないのだが、カメラのようにレンズがあり、像を映す網膜を持っている目を持っているのは脊椎動物の特徴である。

それに絞って、話を進めるとなるとわかりやすい。

私たち、哺乳類には、紫外線（10~380ナノメートル）が見えていない。

それに対して、哺乳類以外の多くの動物たちにはそれが見えている。

このことは、見える動物と見えない動物とでは、全く違った世界を作り出すことになる。

例えば、モンシロチョウ。

私たち紫外線の見えない動物には、ほぼ白一色に映るが、モンシロチョウの世界では違う。オスは紫外線を吸収するが、メスは反射する。

だから、モンシロチョウたちには、オスとメスの違いが良く見えている。

交尾する相手を間違えないわけである。また、黄色の花は、紫外線を強く反射しているといわれ、その蜜を求めてくる昆虫たちにはよく見えていることになる。

野鳥たちにも紫外線が良く見えており、90％以上の鳥たちが雌雄の違いで、紫外線反射が異なるといわれている。


こんなことを知るたびに、私の聴こえる世界・見える世界はなんと狭いことかと思えてしまう。

何でも聴こえる、何でも見えると自慢気に言うのは、多くの動物たちから見たら、笑えてしまうことに違いない。

超音波が聴こえなくても紫外線が見えなくても視野を広げ続けることがせめてものできる最大のことかもしれない。

そういえば、この頃、周りの音が聴きにくく近くのものが見えづらくなってきた。

これは加齢によるもの、別の世界の話だが……

○　自然観察会を自然と触れるきっかけに

私もお世話になっているわくわく科学工房主催の親子自然観察会（自然観察教室）が行われた。

親子だけで30人も集まる自然観察会は、今時珍しいことではないだろうか。

一般的に、自然観察会の募集をかけたなら、ほぼ年齢層の高い方が集まることが多い。

だから、あえて「親子」にこだわってみるのも違った光景が見えてよいものだ。

「親子自然観察会」は、もっぱら生き物の解説というより五感を通して体験することといわば自然の中で遊ぶことを重視している。

この日は、アオダモの実験をフィールドで行ったりクマヤナギの黒い実を試食したりサンショウやオオバクロモジの香りをかいだりサルトリイバラやハリギリのとげに触れたりとにかくとことん五感で体験させた。


ところで、参加した親は、皆若くかつ子どもに負けないくらい熱心だった。

多くの親は、自然好き、生き物好きということだったからかもしれないが、親自身がメモしたり質問したりする姿も見られた。中には、子どもと一緒になり、議論している姿も。


子どもは子どもで、やはり生き物好きが多かった。中には、草花の葉の裏に隠れていたヤブキリの脱皮している姿を見て、私に教えてくれる子どもがいた。

私が解説し終わって、元のところに返そうとしたした葉を集め、観察している子どももいた。

昆虫の図鑑をもってきて、私に解説してくれる子どももいた。

いつも思うのだが、自然の中で遊ぶ子どもは、本当に生き生きしている。

自然観察会にて　フジづるでターザンごっこを楽しむ

参加した親子のコミュニケーションもほほえましいものがある。

生き物に対して、議論し始める親子もいるが、山頂から眼下に見下ろす風景を一緒に見ている親子もいる。

きっと親子一緒に見られる風景は、受ける印象こそ違いはあれ、感動は共有できているはずだ。


私は、現職時代から「親子」での自然観察会にこだわってきたが、子育てには最高のシーンであると考えている。

もし、私に小さな子どもがいたら、わずかな時間でかまわないから親子で野山や公園を歩いてみたいものだ。

そのことの繰り返しがどれだけ子どもの心や体の成長につながることか、年を重ねれば重ねるほど痛感するのだ。

「親子自然観察会」は、一過性のイベントであってはならないと思う。この観察会をきっかけにして、親子でのコミュニケーションを図るだけでなく親子で自然に触れることの大切さを感じてほしいと願っている。

ちなみに、私自身も我が子に対して、自然の中で遊ばせることを大事にしてきたつもりである。今は、我が子二人とも20代になっているが、いつだったかその子育てに対して感想を聞いたことがある。その時は、「とても大切なこと」と評価してくれたが……

しかし、本当の評価は、彼らが親世代になって自分自身の子どもを自然の中で遊ばせることをとても大切なこととして実践してくれた時ではないかと思っている。

そんな日が実現できることも夢に見て、「親子自然観察会」を続けている。

○　赤色の誘惑

雪国では、冬の季節を迎えると野山や里だけでなく樹木にもたっぷりの雪。

その中にあって赤い実はとてもよく目立つ。

赤色の捕色といえば緑色だから葉の中にあってはとても目立つのだが、白い雪の中でも赤色は十分際立っている。

赤色は、私たちヒトだけでなく、野鳥の気も引くらしい。木イチゴやグミなどは赤色のものがすぐに食べられる。えさが少なくなる冬の時期でもガマズミやオオカメノキの実は好まれるようだ。

ところが、この時期になってもたっぷり赤い実を残しているものがある。

例えば、ナナカマドだ。

先日、用あって増田地区交流センター事務室を訪れたとき、気が付いた。

一晩で30センチ以上もの積雪があったことでなお目立つ。

たわわになっていると呼べるほどだ。なのに野鳥たちが訪れない。

事務室からの帰り際、ヒヨドリが訪れていた。しかし、どうも不穏な動きだ。ちらちら実の様子をうかがってからほどなくナナカマドから離れた。

どうしてこうまで、人気（鳥気？）がないのか。

調べるとその実の成分にある。わずかながら、有毒のシアン化合物が含まれているのだ。おまけに、アミグダリンという苦み成分がある。

試しにひと口、口に入れてみるとよくわかる。

これだと野鳥たちだってすんなり食べてはくれないだろう。

ところが、雪が消え、春が近づいてくると確かにたくさんあったはずの実が少なくなっている。

落ちていれば樹木の下を見ればわかることだが、どうもその様子はない。

確かに野鳥たちが食べてくれているようだ。

なぜか。有毒成分は、冬の寒さによってしだいに分解されていくのだ。

おまけにソルビン酸という、ある程度の時間、実を腐らせない成分まで含まれている。ナナカマドの立場にしてみたら、冬も深まり、野鳥たちが本当に餌不足になるのをじっと待っているのだ。その頃には、毒気も抜け、食べられる状態になるのだ。

ところで、なぜ、野鳥たちに食べてもらわなければならないのか。

簡単に言えば、子孫を残すためである。野鳥たちにしっかり食べてもらうことによって、野鳥たちは、別の場所に移動し、糞と共に種子を落とす。

そこから発芽するという、いわばナナカマドの戦略なのである。

さりとて、実がおいしければその場で全部食べられてしまう。

苦いという「まずさ」を残すことによって、一気にその場で食べられることはないだろう。少しずつ食べてもらうことによって、できるだけたくさんの場所に種子を移動させているに違いない。

秋も深まってすぐに食べてもらうには、他の赤色のおいしい実を付けた植物には負けてしまう。

しかし、この時期に食べてもらうのは少し我慢してもらって、他の植物の実が不足したころに食べてもらう。

まるで、他の植物との競争は避けているかのように、したたかな生き方とも思えるナナカマドの戦略である。

○　一年中見られるキツツキの仲間

私たちは、一口にキツツキがいた！というが、実際には、「キツツキ」という名（種名）の野鳥はいない（これだと「ウソつき」になる！）。

アカゲラ、アオゲラ、コゲラなど木を突きながら食料を探す野鳥たちの仲間をさしてそう呼ぶ。キツツキたちの木を突く姿は、実にひょうきんだ。

よくぞ、あれだけ堅そうな木を突いても脳しんとうを起こさないものだと感心してしまう。その秘密は、彼らの頭の造りにある。

頭の構造が、分厚い筋肉、スポンジのような骨などからできていることから、吸収されるという。だから、どれだけ突いてもめまいなど起こすわけがない。

野山を歩けば、どこからとなく「トントントン……」と木をたたいているような音がしてくる。彼らが木を突いている音、いわゆるドラミングという音だ。

運良く彼らの姿を目にすると突いた木の中からお目当ての昆虫や蜘蛛を取り出したり木くずまで落ちてくる様子が見られる。

時々は、休むこともあるが、よくぞあれだけ突き続けるものだと感心してしまう。

ある晩秋の日。マイフィールドの真人公園を歩いているとアカゲラがやってきた。

お目当ては、どうやら木の中の食料ではなく真っ赤に熟した柿の実のようである。

案外、グルメかなとも思ったが、考えてみれば、この時期、虫たちも活動はお休み状態、いわば冬ごもり状態なのだ。その上、柿の実はふんだんにある。

もちろん、それを目当てにヒヨドリたちもピーヨピーヨとにぎやかな鳴き声を出しながらやってくるが、そんなことなどおかまいなしに食べている。

ちなみに、キツツキの仲間は、留鳥だ。だから、どんなに雪深い野山でもその姿が見られる。もちろん、公園歩きでも楽しめる。

子どもと散歩しながら、ドラミングの音を聞いたりその姿をウオッチングしたりするのも楽しい。

○ 歌って楽しむ自然観察「繭の抜け殻3兄弟」

「蛾（が）」という言葉を聞いただけで、顔をしかめる方は多い。だが、子どもはそれほどでもない。大人になるにつれ、いつのまにか嫌いになってしまう方が大半だろう。

ならば、子ども時代から親しむ方法はないのか。

あるとき、気が付いた。歌にして、楽しめばよいのではないかと。


冬になれば、木々が葉を落とし、およそ3種類の蛾の繭が目立つようになる。ウスタビガ、ヤママユガ、クスサンである。

繭そのものはかわいらしい。抜け殻は、アクセサリーにもできてしまう。それぞれの繭には特徴がある。

繭の抜け殻3兄弟

俺たち繭の抜け殻３兄弟
一番上はウスタビガ
鮮やか緑でアイドルよ
おまけにがま口そっくりで
尻には水抜き穴まであるんだぜ
そんなウスタビガが長男さ

俺たち繭の抜け殻３兄弟
２番目はヤママユガ
ふっくら形は一番さ
おまけにさわり心地は一番で
衣服の材料にもなるんだと
そんなヤママユガが二男さ

俺たち繭の抜け殻３兄弟
一番下はクスサン
クスリと喜ばれる愛嬌者
おまけにすけすけルックで
人にもたれりゃ宝物
そんなクスサンが三男さ

世の中にゃこんな３兄弟も
いることご存じか
抜け殻でもふぬけじゃない
自然の置物よ

そんな俺たち繭の抜け殻３兄弟

それを歌にしてみた。友人に音楽に長けているものがいて彼に曲も付けてもらった。いつの日か、歌が広まって野外でも歌われるなどという妄想を描いている。

○「目の不自由な方との自然観察会（ネイチュア・フィーリング）」にて

二男が高校2年生の時だから、もう7年前の話になる。

季節は冬となり、二男は将来の仕事のための大学選択を迫られていた。

いみじくもその日は、仙台の予備校での模擬試験がありそれは彼の大学学部選択のための大事な日の帰りのことであった。

横手駅から白い杖を持った女性が電車に乗ってきた。

見れば介助の方は誰もいない。

これまで、目の不自由な方との自然観察会を通しての接し方は学んできたつもりであり、自然と声が出た。

「お手伝いしますか」と。

同時に、私は、二男が隣にいる手前もあり、一つ父としてのかっこいい姿を見せてあげたいとよけいな考えもあったのかもしれない。

彼女は、迷わず「お願いします。」と答えてくれた。

電車が十文字駅に着いたところで、私の右腕を貸し、ホームに降りた。

時刻は午後9時を過ぎていたし、かなり寒い夜となっていた。

階段をゆっくり上っては、ポイントで声をかけていく。

無事、出口を出たところで、女性は話した。「タクシーを拾って自宅に戻ります。」と。

二男と共に女性を見送り、私たちは自宅に戻った。

それから、半年後、「目の不自由な方との自然観察会」が地元近くで行われた。

参加者の顔ぶれを見て驚いた。

あの時の女性が目の前にいたのだ。

すぐに声をかけた。

女性はしっかりその日のことを覚えていた。

「あ、あのとき息子さんと一緒にいた方ですね。今、どうしていますか。」

「今、彼ははっきりと志願先を決めて勉強をがんばっていますよ。」

「それにしてもこの観察会でお会いできてうれしかったです。」

「私もとても楽しみにしてきたんですよ。」と会話が弾んだ。

この日の自然観察会では、私が彼女の介助担当をした。

あの日のように腕を貸し、ゆっくりと観察してまわった。

観察会を終え、自宅に戻ってから二男にこの日のことを話した。

とてもすてきな偶然に出会ったことを。

今、二男は人の命を助ける道に進みつつある。

もし、あのときの出会いが彼なりの記憶に刻まれていたとしたら、それもまた彼の将来の選択につながっていたと信じたい。

先日、湯沢市で、「目の不自由な方との自然観察会」があった。

もしや、彼女は……と期待したが、その会では、彼女の姿が見られなかった。

彼女はどうしているだろうか。

もし、また会えたとしたら、あの電車でのこと、その後の自然観察会のことそして息子のことなど話したい。

きっとまたその機会が訪れるに違いないことを信じている。

○ 「種子」という命のカプセル

植物は、動物のようには動けない。さりとて、生き物である以上、子孫を残さなければいけない。

そのため、植物たちは、様々な「戦略」を持っている。

種子植物に関していえば、あるものは動物の毛に付着し、また、あるものは種子を実で包み、それを丸ごと食べてもらうことで、移動先で糞ごと落とされる。

また、あるものは水辺で種子が成熟し、そこで落ち、水の流れに沿って運んでもらう手段を選んだものまである。

実に、多様な植物たちの「戦略」である。

中でも風に運んでもらう種子には、そのつくりの工夫にほれぼれしてしまう。

風に運んでもらうために羽を付けたりパラシュートのごとく綿毛を付けたりしているものもある。

私は、この魅力にとりつかれ、「空飛ぶ種子」というテーマで、ワークショップを続けている。

今は、種子模型キットが市販されており、誰でも楽しむことができるようになっているが、もっと気軽にできないものかと工夫を重ねてきた。

その結果、アルソミトラというグライダー型の種子は、薄い発泡スチロール状の紙を一定の形に切り取り、市販のシールを種子として貼ることで作ることができた。

幸い、横手市内の中学校の科学部が改良に改良を重ね、研究を続けてきた。

また、ラワンやモミジなどくるくる回りながら風に飛ばされるいわばプロペラ型の種子は、折り紙とクリップさえあれば簡単にできてしまう。

気軽に、「空飛ぶ種子」の疑似体験ができてしまうのだ。

最近、フィールドを歩いていて気が付いたことだが、ある種の種子には、糸を付けたものまである。

コブシの仲間やホオノキがそうであるが、種子をその場に落とすのではなく、成熟すると糸ごと実から垂れ下がる。

少しの風では落ちては来ない。ある程度の時間が経ち、風が吹いてから初めて種子は飛んでいくのだ。

ところで、植物の種子たちは、なぜこうまで工夫しているのか。

親元からできるだけ遠くに離れていくのには理由がありそうだ。やはり、種子から発芽した子どもたちは、親と光取り競争をするようなことになってはいけないだろうし、まして、近親の親と交配があってはいけないのだ。

「種子」という、命のカプセルをより遠くに運び、移動先で新たな命をつないでいくのだ。それは、植物たちの長い進化の歴史で、獲得してきた生き方なのだ。

○ 自然観察会に参加しよう

一度、山歩きや野山の自然に触れてみたい。だけど家族で歩くには不安だ、何も知らないし……という方には、自然観察会に参加してみることをお勧めする。

今なら、どの地域でも自然観察会が行われている。新聞やテレビ・ラジオそれにコミュニティ誌などにも紹介されていることが多い。

私自身も様々なところで、ガイドをしているし、主催もしている。

私自身のことをいえば、子どもが小さな頃は、しばしばお隣岩手県西和賀町をフィールドとした「カタクリの会自然観察会」でお世話になった。

西和賀町在住の写真家・瀬川強さんが主宰している観察会で、毎月1回行われている。もう30年以上も続くというから、回数は350回を重ねている。

最近は、子どもの参加者が少なくなったようだが、以前は必ずといって良いほど少なからぬ子どもが県内外各地から集まってきた。

その光景を見るたびに、子どもの持つ感性のしなやかさに驚いていた。

私自身も触発され、地域でも親子を対象とした自然観察会を17年間続けている。

観察地となるフィールドは、バスで移動することもあるが、最近はごく近場を歩いている。要するに特別、遠くや観光地などに行かなくてもまわりには魅力的なものがある。それは生き物たちの生きている姿であり自然の作り出す風景でもある。

そして、なんといっても歩いてみた者でなければわからない、空気や音、香りといった五感で感じるものがある。

特別、生き物の名前を知らなくてもよいし、興味をさほど持っていなくてもよい、最初は大人からの誘いかけでかまわない。

ある観察会でこんなことがあった。

ある子どもが動物の糞を見つけた。

「気持ち悪い。」といわないどころか、その子どもがうんちをしたのは誰だろうと探りをいれた。

その雰囲気に誘われたのか、別の子が、デジカメを持ってきた。

とりあえず、記録をしておこうというものだ。

また、別の子が言う。

「ただ、写すだけでは（うんちの）大きさがわからないのではないか。」と。

すぐに一人の子が叫んだ。

「うんちのとなりで親指立てて！それをカメラに収めるから……」

その上で、肉食系のほ乳類、それほど大きな動物ではないだろうと予想した。

別の場所では、ある子がイモムシを観察していた。

「胴体が青色とはなんだろう?まず、よく(動きも)見てみよう。」と。

彼らは、その動きをメモしていた。

それから、デジカメで写真を撮った。

残念ながら、私もその正体はわからなかったが、彼らの探っていく姿にただ驚いていた。

一人の物識りの子の独占場ではなく子どもたちの議論の場、追求する仲間の協力の場となっていたことには、さらにびっくりした。

小学生ともなれば、様々なことに興味を持ち、調べたくなるものだ。

「うちの子は、自然のことなど興味を持たない。」と心配する必要もない。

自然の中では、不思議と一人の子の疑問がさほど興味を持っていない子にでも伝播していくのだ。

それだけ、気持ちが素直になれるのだろうか。

毎回、観察会を行うたび、たくさんのことを教えられる。


ただ、自然観察会は一過性のイベントであってはならないと思う。

あくまでも観察会が、自然と親しむきっかけになってその後も自然に対する興味を持ち続けてくれることを願うばかりである。

○　子どもとどう関わったらよいの？

自然観察ガイド仲間から、最近、こんな言葉を受けるようになった。

「子どもとどう接していったらよいのかわからない。」

「子どもが話を聞いてくれない。」

学校や学校が主催する自然教室など呼ばれるのはありがたいが、子どもを目の前にして不安に思う方も少なくないのだ。

そこで、「秋田県森の案内人通信」などで、発信してみることにした。

①　教えようと思わずむしろ子どもと一緒に遊ぶ気持ちで
今の子どもたちは、ゲーム世代でもあり、じっと長時間にわたって話を聞くことが必ずしも得手ではない。長い説明をするとなれば、よほど魅力的な話をしない限り聞かせることは難しいだろう。だから、無理に教えようとせず、（ガイドする）自分が楽しむぐらいがちょうどよいのではないか。

私が、子どもや親子を対象にした観察会でしばしば行うことに、オオバクロモジを使った遊びがある。まずは、枝葉のにおいをかいでみる。次に、この葉を使って唇にあててみる。草笛だ。

以前、ある小学校の自然教室で、これをやってみせたことがあった。すぐには鳴らなかった。すると近くにいた元気な男の子が言った。

「先生、鳴らないじゃん！」

自然観察会で植物の実験を行う

一瞬、ムッときたが、すぐさま返した。

「(君は)もっと上手にできるかな?」

この後、子どもたちが夢中になって草笛に挑戦したことは言うまでもない。

自分もお手本となるようなところまでいかなくとも「自分は上手くできないけど○○くんだったらできるかな?」くらいがちょうどいいのだ。

ただ、ガイドを始める前に、危険を避けるための最低限度のルールはしっかり確認しておいた方がよい。

② 問いかけと実物を説明の推進力にする

学校現場では、一般的に、問いかけ(発問や質問)しながら授業を進めている。

問いかけによって、子どもたちに考える機会を与える。

教育現場と違い、観察会では、その問いかけに対し、じっくり考えさせる必要はないし、ましてその余裕はないだろう。

ただ、ぽんと子どもたちに問いかけをしてみることは、単に説明を続けるよりは、その後の説明にスムーズにつながっていくことは間違いないだろう。

その際、実物があれば申し分ない。

例えば、モミジやツクバネなどの種子を話題にしたとする。

「この種子に羽がついていますね。どうしてかな。」

（子どもの反応に続けて）「そうですね。できるだけ種子を遠くに飛ばすためですね。」（実物を示して）「この種子がそれです。では、飛ばしてみましょう。」というような具合である。

子どもは、クイズ（問いかけ）や実物（モノ）には、間違いなく飛びついてくる。

③　大人にとってやっかいなものが子どもの遊び道具になる。

こんな視点で生き物に向き合うとがぜんつきあい方がおもしろくなる。

例えば、オオモナモミやアメリカセンダングサなどのいわゆる「ひっつき虫」がある。

実は、これが植物の子孫繁殖のための一つの戦略なのだが、そんなことにはおかまいなしに嫌われ者だ。あの衣服にたくさんまとわりついた状態を見れば、うんざりしてしまう方も多いはずだ。

ところが、子どもの目にとまると話が違ってくる。

いったん衣服についたひっつき虫を取り出してそのつくりをルーペで見るのもおもしろい。

とげの先端のフックがいかに巧妙にできているかがわかる。

さらに余裕があったら、ひっつき虫を使ったダーツ遊びもできる。

とげのある植物の葉や実を観察してみるのもおもしろい。

たいていはおいしそうな姿をしている。

実際、動物や昆虫など捕食者にとってはおいしいものがある。

例えば、モミジイチゴやクマイチゴなどいわゆる木イチゴはとてもおいしいのだが、とげがある。

実が付いていない時でもとげは良き観察対象になるし、実際触れてみることでそのとげの鋭さに驚くこと間違いないだろう。

簡単には、食べられない植物の被食防御戦略の一つを身をもって体験できるのだ。

このように大人にとってはやっかいなことでも視点をずらすことによって良き観察の対象になるし、時には遊び道具にさえなってしまう。

○　子育てで思うこと

毎年のようにやり取りしている同世代の年賀に添えられたコメントがうれしい。

「あと1年で退職します。」

「孫が生まれました。」

そんな年になったのだなとしみじみ感じる時期でもある。

1通、少し、気になったものがあった。

「今年退職の年だが、子どもがまだ自立していないため、この後もフルタイムで働きます（略）

……」

と。

彼女はといえば、学生時代からの知り合いであり、教育学部の学生として共に子育て論を喧々諤々議論した仲間でもある。

子どもは、順調にいけば、もう30歳に差し掛かろうとしているはずである。

何かと病弱だった彼女を思えば、返すべき言葉が見つからなかった。

私が、現職時代にしばしば保護者に向かって話した言葉がある。

「お子さんは、親の言う通りにはなりませんよ。親のした通りになりますよ。」

と。

平たく言えば、「子どもは親の背中を見て育つ。」ということになる。

年を重ねるとこのことをますます身をもって実感するようになった。

子どもが小さい頃は、親の言うことは何でも聞くだろう、その頃は「なんて素直な良い子だろう。」と誰もが思うものである。

やがて、子どもが小学校高学年になり思春期に入ると様々な悩みを抱えた保護者の相談を受けることが多くなってくる。

子どもが小さいうちは、親の期待も大きい。

やれ、スポーツだ、音楽だ、武道だと習い事が必要以上に多くなってしまう例もある。

習い事が多くても自分が好きで心から楽しめるのならそれに越したことはないが、中には、途中でリタイアしてしまう子どもだっている。それでもたいていの子どもはがんばってくれるものである。少なくとも親がほめてくれるうちは、親の期待に背いてはいけないと。

そんな子どもの姿を見て、親はまた思うだろう。「なんて素直な良い子だろう。」と。

そこで自分の好きなものを見つけ、中学・高校を通して打ち込めるものを手にすることができたなら幸せであるが……

期待に応えられず、思春期になって初めて親に反抗し始めた子どもの数は、私の知る限り決して少なくはなかった。

子どもの良さや適性を見い出すことは本当に難しいと思う。

習い事が子どものすべてを育ててくれているわけではないのだ。

もちろん、ここで私は、「子どもはあくまでも親が育てていくのです。」と大上段に構えるつもりもない。

親が育てるのは当たり前のことである。

そこで、課題となるのは、子どもの良さに気づき、社会の中でその子の良さを生かす道を見つけることができるか。

いかにしたら、自立した大人に向かっていけるようになるのか。

その2点であろう。

子どもは、子どもなりにその親の姿を見て判断しているのかもしれない。

そんなことを考えていたら、なんと自分自身の子育てについて後悔することが多かったことか。

ちなみに、私の子どもは、二人とも親元から離れたところで暮らしているが、二人のアパートの部屋を見て驚いた。

なんと足場の踏み場のないほどのちらかしようではないか。

それを見た私は、自分の学生時代の部屋を思い出すにつけ、子どもを叱る気になれないでいたのである。

○「自然の持つ豊かさに気づく目」を育むために

現代は、情報社会である。

新聞、雑誌などの紙媒体のみならず、パソコン、スマホなどの電子媒体からあふれるほどの情報が日々流れている。

これは、今の大人が子ども時代、体験していなかった世界に今の子どもたちが生きていることを意味している。

では、その世界を生き抜くために必要なことは何か。

必要な情報を選び、何が正しいか見抜く力を育んでいくことはもちろん必要だろう。

ただ、これまで本書で紹介したように子どもは、五感に優れている。

その五感をさらに磨いていくことこそ、今の子どもたちに必要なことではないか。

それは、将来どんな社会になろうとも生き抜いていくために必要な「自然の持つ豊かさに気づく目」というものを育むことにつながるだろう。

幸い、自然の中には、子育てのヒントがたくさん隠されている。

大人も子どもと一緒になり、自然に浸かり、楽しんでいくことが重要だろう。

では、今後、「自然の持つ豊かさに気づく目」を育むために大切にしたいことは何か――4つのポイントを挙げておきたい。

① 子どもにとっての活動フィールドがあるか？
これは、子どもにとっての遊び場の確保でもある。
② 春夏秋冬それぞれの季節の良さを楽しんでいるか？
現代は、季節特有の良さを楽しむ機会が奪われつつある。日本特有の春夏秋冬それぞれの自然と向き合い続けたい。
③ 五感をフルに活用しているか？
現代は、五感の一つである「視覚」だけを頼りにする機会が多い。「視覚」だけではなく、「聴覚」「嗅覚」「触覚」「味覚」を大いに動員させたい。
④ 子ども同士が一緒に遊べる場であるか？
ヒトに近いゴリラ、チンパンジー、オランウータンなどいわゆる類人猿は、生まれてから親離れするまで基本的に母親だけで育てている。ヒトだけが、母親だけでなく夫や祖父母、兄弟姉妹、近所住民など多くの大人に育てられている。いわゆる未開社会には、こうしたケースが普通に見られ

る。社会制度として保育所、幼稚園などを整備してきた現代の私たちは、さらによりよい制度を追求していこうとすると同時に、親子イベントや親子サークルなど自主的な取り組み、いわば共同保育の発想を大切にしていきたい。

おわりに

ある自然観察会でのこと。

参加していた一人の子どもが叫びました。

「葉っぱが風で小鳥のように飛んでいる！」――そのみずみずしい感性に驚きました。

考えてみれば、子どもであれば誰でも感じることができることかもしれない、しかし、いつの間にか大人に近づくにつれ、その感性を置き忘れてきたのかもしれません。

かのレイチェル・カーソンは、彼女の著作『センス・オブ・ワンダー』（新潮社）でこんなことを述べています。

「子どもたちがであう事実のひとつひとつが、やがて知識や知恵を生み出す種子だとしたら、さまざまな情緒やゆたかな感受性は、この種子をはぐくむ肥沃な土壌です。幼い子ども時代は、この土壌を耕すときです。」

今の時代だからこそ、子どもと一緒に野外に飛び出そう――そう願いながら書きました。

本執筆を終えるに当たって、日頃よりお世話になっている、すべての自然関連団体の皆様、教育・保育関係者の皆様、「繭の抜け殻3兄弟」を作曲してくれた遠藤恒夫くん、本書に挿絵を提供してくれた草彅昇くん、そしてたくさんの応援してくれた方々に感謝申し上げます。

また、心から支えてくれた家族、とりわけ、今年の正月早々、急逝した父は、幼かった私を最初に自然の中に導いてくれた存在でした。

本書を出版できることに、きっとあの世から喜んでいるに違いありません。その父に感謝の気持ちを込めて本書を捧げます。

2020年2月21日　著者

参考文献

「正解は一つじゃない子育てする動物たち」監修・長谷川眞理子（東京大学出版会）
「したたかな植物たち・秋冬編」多田多恵子（ちくま文庫）
「カラー版虫や鳥が見ている世界—紫外線写真が明かす生存戦略」浅間茂（中公新書）
「ブナの森を探検しよう！さぐろう、四季と生物多様性」瀬川強（ＰＨＰ研究所）
「大自然のふしぎ　植物の生態図鑑」多田多恵子（Ｇａｋｋｅｎ）
「ゴリラからの警告　人間社会ここがおかしい」山極寿一（毎日新聞出版）
「目からウロコの自然観察」唐沢孝一（中公新書）
「センス・オブ・ワンダー」レイチェル・カーソン（新潮社）
「生き物としての力を取り戻す50の自然体験」監修・カシオ計算機株式会社（オーム社）
「オトシブミハンドブック」安田守・沢田佳久（文一総合出版）
「冬芽ハンドブック」広沢毅・林将之（文一総合出版）

著者紹介

酒井　浩（さかい・ひろし）

ニックネーム　Mr.トリック
「森のようちえん」っ子からは「ヒロちゃん」と呼ばれる。
1957年横手市増田町生まれ
元公立小学校長
現在　増田ネイチャークラブ（MNC）代表
　　　森林インストラクター
　　　横手市観光エキスパート
　　　秋田県森の案内人協議会副会長　などを務める。
現職時代からボランティアで自然観察会ガイドを務め、現在は、自然観察会、ワークショップ、講演会などを活発に進めている。
連絡先は、メールアドレス　hirotora589@gmail.com

「鳥の目・虫の目・子どもの目」
～ヒロちゃんの子育て自然観察ガイド～

発行日　2020年４月10日　初版発行
定　価　〔本体1000円＋税〕
著　者　酒井　浩
発行者　安倍　甲
発行所　㈲無明舎出版
　　　　秋田市広面字川崎112-1
　　　　電話（018）832-5680
　　　　FAX（018）832-5137
製　版　㈲三浦印刷
印刷・製本　㈱シナノ

※万一落丁、乱丁の場合はお取り替えいたします

ISBN978-4-89544-660-0

鶴岡由紀子著

ばりこの「秋田の山」無茶修行

四六判・二三八頁
本体一七〇〇円+税

女ひとり、手探りで始めた山登り。まったりハイキングから積雪期単独テント泊まで、秋田の山を幅広いスタイルで春夏秋冬、朝昼晩、雨の日もホワイトアウトの日も楽しみ尽くす一冊。

加藤明見著

写真集 私の好きな、秋田。

四六判・八〇頁
本体一〇〇〇円+税

名所も観光地もでてこない。どこにでもある暮らしの中の一コマを、美しい自然と四季の流れにそってきりとった、ふだん着のままの秋田のオールカラー写真集。

加藤明見著

写真集 秋田市にはクマがいる。

A5判・八五頁
本体一五〇〇円+税

クマは私たちのすぐ身近にいる。山里に出没するクマたちのおだやかでユーモラスな日常を絶妙の距離感から活写する、クマたちの意外な素顔。

山尾三省・山尾春美著

森の時間 海の時間

A5判・一二三頁
本体一五〇〇円+税

故・山尾三省の60篇の大好きな詩に、妻が折々の屋久島でのかけがえのない日々の想い出や雑感を記した短文を付した、初の夫妻共作の詩文集。

あんばいこう著

「学力日本一」の村
―秋田・東成瀬村の一年―

四六判・二三二頁
本体一七〇〇円+税

小さなことが宝物！ 少子高齢化の中、あえて選んだ単独立村の道。先人たちの知恵をつなぎ、自然から学び、教育に未来の希望を託した、何もない村の、豊かな人と文化と歴史を歩く。